Jo Horstkotte

Schnell in die City

Mit **Monorails**

in die Zukunft fahren

1

Bibliografische Information der Deutschen Nationalbibliothek: Die Deutsche Nationalbibliothek verzeichnet diese Publikation in der Deutschen Nationalbibliografie; detaillierte bibliografische Daten sind im Internet über dnb.dnb.de abrufbar.

Herstellung und Verlag:

BoD – Books on Demand, Norderstedt,

Lektorat Angelika Kastner, Karlsruhe

ISBN 9783750496842

Der Autor steht Ihnen für Fragen und Anregungen zur Verfügung.

Jo@Horstkotte.de oder klassisch Bismarckstr. 18, D-76530 Baden-Baden

Hinweis: Die sonst üblichen Bilder mit Quellenangabe ggf. mit Angabe der Internetseite fehlen hier, da durch die Verschärfung der DSGVO sowie des gefühlten Datenschutzes von technischen Anlagen insbesondere ausländischer Hersteller, die rechtliche Zulässigkeit dieser Nutzung nicht zu klären war. Dabei waren Schnappschüsse der Ausgangspunkt meiner Überlegungen.

Inhaltsverzeichnis

Vorwort

Dieses Büchlein entstand, als ich erkennen musste, dass die üblichen Wege, um neue Technik voranzubringen, verstopft sind. Verstopft durch Eigeninteressen, die mit den bestehenden Systemen befriedigt werden. Blockiert durch Ignoranten, die neue Techniken kaputt reden können, durch Vorschriften, die seit langer Zeit bestehen und Märkte abschotten.

Ich empfehle Ihnen, einmal Urlaub in China oder in den Vereinigten Arabischen Emiraten (VAE) zu machen. Die dort in einen Entwicklungsrausch befindlichen Entscheider arbeiten an Techniken, gegen die wir in Europa oft genug wie Entwicklungsländer aussehen, die seit 50 oder 100 Jahren in den immer gleichen Techniken denken. Dabei könnten gerade wir in Mitteleuropa Techniken schnell und einfach lebendig werden lassen, für die alle Zutaten vorhanden sind!

Einführung: Pro Monorail

Wie gelangen Sie nachts vom Konzerthaus in den gastronomischen Betrieb Ihres Vertrauens? Wie kommen Sie als Stadtbewohner nach Hause? Mietroller werden da oft nicht praktikabel sein, Taxi-Dienste sind oft teuer und kaum verfügbar, der öffentliche Personennahverkehr, kurz ÖPNV, ist für solche Fragestellungen nur in seltenen Fällen eine Option.

In Coronazeiten mag obiger Satz komisch klingen, das Buch wurde kurz vorher geschrieben – immer wieder mit prophetischen Sätzen, wie mir nur wenige Monate später aufgefallen ist.

Auf den zwei letzten Asienreisen 2018 und 2019 hat mich die Ansicht von Monorails begeistert, denn ich sehe diese als Lösung für typisch europäische Cityprobleme.

In europäischen Städten kann man nur sehr aufwendig eine neue U-Bahnstrecke bauen, da dort zu viele

Versorgungsleitungen und andere Probleme auf jeden Tiefbau warten. Oberirdisch kann man nur erstaunlich teure Schienen für eine Straßenbahn verlegen, selbstfahrende Busse oder gar selbstfahrende Kraftfahrzeuge sind etwas für die fernere Zukunft.

Ich vermute, dass Monorails aufgrund der einfachen aufgeständerten Bauweise (*kleines Fundament, also leicht in bestehende Straßen und Flächen einzubauen*) und dem Nichtvorhandensein von Kollisionspartnern (Fußgänger mit Mobiltelefon in der Hand, Fahrrad- und Autofahrer) erstaunlich schnell, preiswert und emissionsarm eingesetzt werden könnten. Insbesondere, wenn man sich genau die „letzte Meile" also den Weg vom Parkplatz zum Zielort oder der eigenen Haustür ansieht. Im Folgenden wird diese Sichtweise näher erläutert.

Bislang werden Monorails in Deutschland mit exotischen Sonderveranstaltungen wie der Bundesgartenschau oder Freizeitparks in Verbindung gebracht. Das Thema

„Transrapid" ist schon aus den Köpfen, ich gehe auf den Nachfolger in einem Kapitel ein.

Dieses Büchlein soll die Diskussion über solche Systeme anschieben helfen, es stellt nur eine Meinung dar und keine wirtschaftliche Expertise für ein solches System.

Eine echte Marktbewegung ist in den größeren Systemen zu beobachten, die große deutsche Städte verbinden könnten. Warum aber in der Politik Alternativen zu Bahn und Flugzeug nicht einmal angedacht werden, ist mir unklar.

Wenn die hier genannten Ideen helfen, die Möglichkeit des Baues solcher Systeme in Europa zu fördern, ist mein Ziel erreicht!

Eine politische Einführung

Dieses Buch entstand nicht aus einer Laune, eher aus einer Art Berufung heraus. Kaum jemand kann so etwas in dieser Form zusammenstellen, denn nur wenige Menschen sind unabhängig genug, die möglichen Konsequenzen zu ertragen.

Zu meiner Person eine kurze und schräge Beschreibung: Ich bin fast als Autofahrer geboren worden, beide Elternteile konnten ständig auf Kraftfahrzeuge zugreifen, um von A nach B zu kommen. Wir wohnten etwas außerhalb der Stadt, sodass neben Spaziergängen eigentlich nur noch das Fahrrad als Alternative angesehen werden konnte – Busse und Bahnen wurden selten und von mir lediglich als Schüler im Winter als Verkehrsmittel genutzt.

Weitere Strecken wurden ganz selbstverständlich mit dem Pkw gefahren. Eine erste Änderung kam spät in meinem Berufsleben durch meine Steuerberaterin zustande, die mich darauf hinwies, dass meine Fahrtkosten ein wenig zu hoch seien und ich doch für Langstrecken besser die Bahn nehmen sollte.

Die aktuelle Benutzung von ICE-Fernverkehrszügen endet bei mir regelmäßig in einem Fiasko. Oder anders gesagt: Weniger als die Hälfte meiner Zugfahrten endet mit weniger als einer Stunde Verspätung. Durch abendliche Ansagen wie *„Ihr Anschlusszug fährt um 4.20 Uhr"* oder *„durch einen Unfall mit Personenschaden kommt ihr Zug drei Stunden später"* oder *„Sie haben drei Minuten Umstiegszeit"* für einige Hundert Meter durch einen Bahnhof wie Frankfurt/Main kann ich Bahnfahren nur für Menschen mit vollster körperlicher Leistungs- und Leidensfähigkeit empfehlen, auch wenn die Preise oft locken. Der Listenpreis beträgt rund die Hälfte der echten Kraftfahrzeugkosten, mit Sonderangeboten, die ich fast immer erwische, sind es noch etwa 20 Prozent.

Zum Thema Bahnfahren gehört aber auch die von mir in Kurzform gebrachte Vermutung *„wer bei Stuttgart 21 die Bürger verprügelt, wird bald keine Kritiker und Wähler haben"*. Stuttgart 21 ist immer noch in Bau, die Auseinandersetzungen von 2013 endeten mit der Abwahl des Ministerpräsidenten. Leider sehe ich in Verbindung mit Stuttgart 21 auch die grandiose Tunnelpleite bei Rastatt. Ja, ich gehöre zu den Betroffenen, die da Stunden verloren haben, weil Verantwortliche entweder gepennt haben oder blöd waren. Wer als Kind im Sand von Rimini gespielt hat, kennt das Einstürzen eines Tunnels durch Belastungen und Bewegungen daneben. Ich hätte erwartet, dass eine Ausweichroute vorhanden ist, wenn man kaum einen Meter neben einer Bahnstrecke gefährliche Bauarbeiten durchführt. Die in den oben stehenden Sätzen zu lesende Empörung sollte eigentlich nicht in einem solchem Zusammenhang genannt werden, gehört hier aber hinein, weil ich es für eine Folge der inkompetenten Entwicklung der letzten

Jahre halte, denn wie oben einleitend gesagt „wer Kritiker verprügelt, darf sich über die Folgen nicht wundern". Im Frühjahr 2020 wurden die volkswirtschaftlichen Kosten für diesen Tunneleinsturz in Rastatt mit 2 Milliarden Euro beziffert, dabei ist das Problem noch nicht einmal beseitigt worden!

Da Probeleser dies hinterfragten, hier die Quelle, die von SWR, BNN und Wikipedia genutzt wird: ERFA - European Rail Freight Association Asbl., NEE - Netzwerk Europäischer Eisenbahnen e. V. und UIRR - Internationale Vereinigung für den Kombinierten Verkehr Schiene-Straße: Volkswirtschaftliche Schäden aus dem Rastatt-Unterbruch - Folgenabschätzung für die schienen-basierte Supply-Chain entlang des Rhine-Alpine Corridor 2017.

Die politische Diskussion möchte ich nicht eröffnen, obwohl ich zwei Dinge hier behaupte:

- Das Demonstrieren gehört für mich unlösbar zu einer Demokratie und jeder Versuch, ein Mitsprache- und Demonstrationsrecht zu beschränken, ist intensiv zu hinterfragen.
- Die Art des Umgangs mit den Stuttgart 21-Gegenern, die oft den Verkehrsmitteln auf der Schiene sehr positiv gegenüberstanden, hat zu

einem Versiegen der Mitarbeit bei anderen Projekten geführt, konkret dem Rastatter Tunnel. Dieser ist eine planmäßige Katastrophe, die aufgrund der Nichtmitarbeit der Bevölkerung erst so schlimm werden konnte.

- Die Planung z. B. für den Rastatter Tunnel begann in den frühen 70er-Jahren, die Fertigstellung ca. 2026. Eine gute Übersicht findet sich in Wikipedia zu „Tunnel Rastatt". Das sind über 50 Jahre Planungs- und Bauzeit!

Der größte Kalauer in Rastatt wurde Ende 2019 bekannt: Der Tunnel ist für Güterzüge aufgrund der Steigung der Tunnelrampen nicht geeignet. Entscheiden Sie bitte selbst, wie man die für eine solche Planung die Verantwortlichen nennen sollte.

Quelle BNN vom 21.11.2019, eine regionale Tageszeitung, zu finden unter www.bnn.de/nachrichten/politik/ein-drittel-der-gueterzuege-ist-zu-schwer-fuer-den-rastatter-tunnel. Diese Quelle ist recht zurückhaltend, die Diskussionen in den lokalen Facebook-Gruppen war heftiger!

Dieses Büchlein soll jetzt keine Abrechnung sein, sondern andere Lösungen aufzeigen, die meines Erachtens schnellere und preiswertere Möglichkeiten für den Mobilitätswunsch des Menschen sind. Um mögliche Ablehnungen neuerer Verkehrsmittel präventiv zu vermeiden, erfolgt noch ein normgerechter Ausflug in die Planungs- und Überzeugungswelt.

Ich freue mich auf die Umsetzung in Europa, auch wenn ich bezweifle, dass es in Deutschland der Fall sein wird. Denn die Umsetzung in Asien ist oft erfolgt, in Afrika werden die Chinesen gute Komplettlösungen kurzfristig anbieten, ohne dass wir in Europa es bemerken.

Alte Träume und neue Lösungen

Erinnern Sie sich noch an den Transrapid? Dieses Verkehrsmittel, das im Emsland erprobt und 2006 nach einem schweren Unfall mit 23 Toten für die meisten Bürger beendet wurde? Der Bürger von heute kennt diesen fast nur noch von den Wikipedia-Einträgen, die nicht so bewundernswert klingen.

Erst mit etwas Abstand und mit anderen Quellen wird klar, dass es sich eigentlich um den Ersatz von Kurzstreckenflügen gehandelt hat, denn mit 400 bis 600 km/h sind die Reisezeiten zwischen deutschen Metropolen kürzer als alle Flugzeiten, wenn man so fair ist und deren Sicherheitscheck mit einbezieht. So verkommt die Transrapididee als Flughafenzubringer fast zu einem Treppenwitz, ohne dass es jemand bemerkt.

Ich habe den Transrapid 2004 in der chinesischen Ausführung „Maglev" mit seinen mehr als 400 km/h als Fahrgast genutzt und war begeistert, wie schnell diese alte Technik fahren kann.

Leider ist die Nachfolgetechnik in China wieder (Eisenbahn-)schienen geführt, also fast klassisch, wenn man von der sehr guten Strukturierung und Ausführung mal absieht. Die etwa 300 km/h schnellen Züge fahren auf extra Gleisen aufgeständert oberhalb des Bodens, frei von Störquellen und anderen Zügen und landen in extra Terminals, die nichts mit unseren aus dem 19. Jahrhundert stammenden Bahnsteigen zu tun haben. Dies wäre eine ideale Ersatzlösung für die prinzipbedingt schlechten ICEs in Deutschland.

Damit zu den von mir vermuteten Gründen, warum das System Transrapid sich nicht durchsetzen konnte:

- Technikfeindlichkeit, also „jede neue Technik ist teuer und störanfällig".

- Viele altbekannte Unternehmen, die auf altbekannten Wegen mit Bahnsystemen Geld verdienen.
- Unzureichende Öffentlichkeitsarbeit und eine schlecht funktionierende Presse, die eine fundierte Zweitmeinung hätte aufbauen können.

So ganz falsch kann ich mit obigen Aussagen nicht sein, wenn ich an das fast schon kurios peinliche Planungsdebakel (bis 2008) im München mit dem Transrapid als Flughafenzubringer denke.

„Frage die Leute,
was Sie sich als Fortbewegungsmittel wünschen,
und die Menschen sagen ‚schnellere Pferde'" –
frei nach Henry Ford, dem Mann, der vor mehr als 100 Jahren
das Automobil durch Massenproduktion zum preiswerten
Fortbewegungsmittel machte.

Der Transrapid in einem 90er Positionspapier

Das Denken der 1990er-Jahre spiegelt folgende Unterlage von der Arbeitsgemeinschaft Naturwissenschaften (AGDN) aus dem CDU-Umfeld gut wieder, die 1994 entstand und 1996 bis 2010 im Internet zu finden war:

Der Transrapid für den Menschen

Der Transrapid ist ein sinnvolles öffentliches Personenverkehrsmittel auf Strecken von 200 km bis 2000 km zur Verbindung von Ballungszentren und Personenverkehrsknotenpunkten.

Die relativ kleinen Einheiten des Transrapid, die hohe Durchschnittsgeschwindigkeit, zu der neben der Spitzengeschwindigkeit insbesondere auch das hohe Steigungs-, Beschleunigungs- und Bremsvermögen der Magnetschwebebahn beitragen, ermöglichen selbst beim Einsatz nur relativ weniger Fahrzeuge eine Verbindung alle zehn Minuten. Durch diese hohe Zugfolge erledigt sich das Problem zeitlich gut abgestimmter Anschlüsse an andere öffentliche Verkehrsmittel (Bahn, Flugzeug) von selbst, sodass auch Fernreisende von weit östlich oder südlich von Berlin oder weit westlich oder nördlich von Hamburg vom Transrapid profitieren.

Damit wird erstmalig bei einem Fernverkehrsmittel eine individuell bestimmte Abfahrtszeit möglich mit einem Freiheitsgrad, den man bislang nur vom PKW her kannte. Das Stressproblem (Zuspätkommen, Zug verpassen) wird verringert.

Aufgrund der hohen Reisegeschwindigkeit und Zugfolge bringt der Transrapid im Vergleich zum Auto selbst dann einen Zeitgewinn, wenn weite Anfahrtswege mit öffentlichen Verkehrsmitteln zu den zentralen Haltestellen zurückgelegt werden müssen.

Der Transrapid ist in großen Teilbereichen eine sinnvolle Alternative zum Passagierflug, zur Luftfracht und zur Luftpost, er trägt wesentlich zur Reduktion des Flugverkehrs im Kurz- und Mittelstreckenbereich und zur Minderung der Schadstoffemissionen bei.

Der Mobilitätswunsch des Menschen kann auf ökologisch sinnvolle Art und Weise befriedigt werden. Hinsichtlich des Lärms ist der Transrapid bei 200 km/h leiser als eine langsame S-Bahn, es genügt, ihn im Stadtbereich auf diese noch immer sehr hohe Geschwindigkeit abzubremsen.

Da er im Vergleich zum ICE relativ enge Kurven nehmen kann, können die von den alten Gleisanlagen gebildeten Schneisen der Bahn in die Innenstädte hinein genutzt werden, sei es als neuer Fahrweg neben den alten Gleisen oder auf Stelzen auf einer zweiten Ebene darüber.

Durch die erhöhte Mobilität wird es immer einfacher möglich, innerhalb Europas auch große Strecken zurückzulegen. Insofern leistet der Transrapid einen zukunftsgerichteten Beitrag zur Völkerverständigung. Es sollte der Technologieregion Deutschland, dem oft geschmähten Durchgangsland, eine Ehre und Verpflichtung sein, seinen Gästen und Durchreisenden auf beste und schnellstmögliche Art die Reise zu ermöglichen.

Warum sollte es nicht möglich sein, dass ein Geschäftsreisender aus Madrid per Transrapid nach Warschau reist, dabei eine Stunde in Frankreich anhält zu einem (Wie-Gott-in-Frankreich)-Mittagessen und anschlie-ßend bei Kaffee und Kuchen in Berlin irgendeine verrückte Kunstausstellung genießt und zum abendlichen Buffet in Warschau eintrifft?

Der Transrapid im Verkehrsverbund

Waren bislang die Nord-Süd-Strecken bevorzugt ausgebaut worden, so sind insbesondere mit der Einheit Deutschlands und dem Zusammenbruch des östlichen Wirtschaftssystems die Ost-West-Verbindungen für alle Europäer eine wichtige Frage, die gelöst werden muss. Waren bislang die Ost-West-Wege auf dem Stand der Technik der ersten Hälfte des 20. Jahrhunderts (im Osten in 40 Jahren Sozialismus abgenutzt und heruntergewirtschaftet) und waren die Nord-Süd-Achsen ein Kind der Sechziger- und Siebzigerjahre, so ist beim vordringlichen Ausbau der Ost-West-Verbindungen ein Netz vorzusehen, das die Nachteile bisheriger Verkehrsmittel mindert. Das auch in Zukunft wachsende Transportvolumen verlangt nach neuen Lösungen, da die bisherigen Systeme an der Grenze ihrer Leistungsfähigkeit operieren.

Ein vernetztes Zusammenspiel verschiedenster Verkehrssysteme bringt weitreichende Synergieeffekte mit sich im Vergleich zur traditionellen Bahn, die alles, egal ob schnell oder schwer, Gefahrgut oder Menschen, mit nur geringen Unterschieden transportiert.

Hinsichtlich Reisegeschwindigkeiten, Reiseentfernungen und Transportgewichten schließt der Transrapid die große Lücke zwischen Bahnverkehr und Luftverkehr, entlastet beide von Betriebszweigen mit ungünstigen Betriebsbedingungen (Höchstgeschwindigkeitsverkehr der Bahn, Kurzstreckenflüge der Luftfahrt) und setzt überproportional Kapazitäten der Bahn für den Regionalverkehr und den Güterverkehr frei, sowie Luftfahrtkapazitäten für Langstreckenflüge.
Der Bau einer Transrapidstrecke, ihre Vernetzung mit den übrigen Verkehrsmitteln und die Schaffung der notwendigen Dienstleistungsinfrastruktur fördert und stärkt die für den deutschen Raum übliche führende Position auf dem Weltmarkt für Verkehrsmittel und Logistik.

Transrapid im Vergleich zum ICE

Im Vergleich zum ICE sind Platzbedarf, Verschleiß und Betriebskosten des Transrapid geringer. Die Investitionskosten für den Fahrweg des Transrapid sind vergleichbar denen für den Fahrweg einer optimalen ICE-Neubaustrecke.

Der Nachteil, dass der Transrapid nicht für den schweren Güterverkehr geeignet ist, wird dadurch kompensiert, dass er andere Bahnstrecken vom Hochgeschwindigkeitsverkehr entlastet und für zusätzlichen Güterverkehr freimacht, aufgrund eines gleichmäßigeren Verkehrsflusses sogar mit weit überproportional hohen Kapazitäten.

Da die Hauptstrecken der Bahn bereits heute an ihrer Kapazitätsgrenze betrieben werden, die auch durch neue Leitsysteme nicht beliebig erweiterbar ist, wird es zukünftig mehr parallele Strecken geben müssen, wenn die Bahn wesentliche Anteile des Straßenverkehrs zusätzlich übernehmen soll.

Wenn schon parallele Strecken, dann doch nicht nur identische, sondern bei Bedarf auch unterschiedliche auf den jeweiligen Verwendungszweck hin optimierte, für die Strecke zwischen Berlin und Hamburg also den Transrapid für den Höchstgeschwindigkeitsverkehr und die bestehende Schnellzugtrasse als Ausbaustrecke für Interregio, Nahverkehr und Güterverkehr.

Zur Förderung des öffentlichen Personenverkehrs dürfen nicht einseitig der öffentliche Personennahverkehr der Großstädte und alte Nebenstrecken subventioniert werden, sondern müssen ebenfalls zukunftsweisende Systeme des öffentlichen Personenfernverkehrs unterstützt werden.

Transrapid und Technologiestandort Deutschland

Der Bau der Magnetschwebebahn Transrapid sichert ein breites Spektrum an Arbeitsplätzen unterschiedlicher Qualifikation in Deutschland, vom Tiefbau über die Metall- und Elektroindustrie, den Maschinenbau bis zur Hochleistungselektronik. Gefördert werden eine breite Palette anspruchsvoller gehobener Technologien, die sich leicht auf die Produktion anderer Produkte des täglichen Bedarfs übertragen lassen, bis hin zur Hochtechnologie, deren Spin-off eher langfristig wirksam werden wird.

Gefördert werden ebenfalls die Fähigkeiten auf den Feldern „Projektplanung", „Systemintegration" und „Dienstleistungen". So muss die Organisation des technischen Systems „Transrapid" dem heutigen Stand modernster Industrien entsprechen, das heißt, sich am Kunden orientieren und diese Forderungen mit den Kosten und dem Umweltschutz im weiteren Sinne optimieren. Aufzubauen sind eine moderne Logistik und die notwendige Dienstleistungsinfrastruktur zur Vernetzung des Transrapid mit den anderen Verkehrsmitteln. Es besteht die Chance, ohne organisatorische Altlasten neueste Erkenntnisse von Hochschule und Industrie über entsprechende Systeme und Normen in die Praxis umzusetzen.

Der Weltmarkt hat heute einen großen Bedarf an Hochgeschwindigkeitszügen. Der in Deutschland zur Serien-Produktionsreife entwickelte und getestete Transrapid hat die

Voraussetzungen, einen erheblichen Marktanteil zu gewinnen, wenn er rechtzeitig die Möglichkeit zur Bewährung im alltäglichen Einsatz erhält. Ob die im März 1994 von der Bundesregierung beschlossene Strecke zwischen Berlin und Hamburg die beste Variante ist, darüber lässt sich streiten, sinnvoll wäre auch eine Strecke von Köln/Bonn nach Berlin. Aber sicher ist, dass weder die genannte Alternative noch eine andere Strecke genügend Vorzüge hat, um die einmal getroffene Entscheidung umzustoßen: "Wer den Fortschritt will, der darf ein Entscheidungsfindungsverfahren nicht zu lange im Schwebezustand belassen und muss eine nach besten Wissen und Gewissen getroffene Entscheidung zielstrebig umsetzen."

Soweit ein Text, der schon ein Vierteljahrhundert alt ist, dessen Autoren in den verschiedensten Ecken Deutschland arbeiten und die Politik noch aufmerksam verfolgen.

Was ist daraus geworden? Nichts. Die Transrapidstrecke Hamburg-Berlin wurde kurz vor Beendigung des Planungsverfahrens im Jahr 2000 eingestellt. Die Begründung waren erhebliche Kostensteigerungen von 4,5 Milliarden (Mrd.) Euro 1993 auf etwa 7,5 Mrd. Euro; man munkelte von sogar von 10 Mrd. Euro. Insbesondere der damalige Bahnchef Hartmut Mehdorn betonte, dass er keinen Sinn in der Investition von 12 Mrd. DM für 20 Minuten Fahrzeitgewinn sehe. Seltsamerweise tauchte das gleiche Argument bei Stuttgart 21 wieder auf, diesmal für das Bauprojekt!

Nebenbei sei bemerkt, dass ein sowohl im öffentlich-rechtlichen Rundfunk tätiger einflussreicher Journalist damals in das gleiche Horn blies („zu teuer, wer braucht es?"), viele andere Journalisten folgten. Bei Stuttgart 21 war schon sehr viel weniger zu hören und zu lesen; ein Schelm, wer Böses dabei denkt.

Die Folgekosten für Flughafenausbauten sind wegen der geringeren Geschwindigkeiten der Bahn nie ermittelt worden. So beerdigte man den Transrapid als Ersatz für den Flugverkehr und blieb bei der Technik aus dem Kaiserreich.

Magnetschwebetechnik

Etwas unbemerkt von der Öffentlichkeit wurde der uralte Gedanke der Magnetschwebetechnik auch in Deutschland weiterentwickelt. Zunächst dachte ich auch *„oh, das wird doch sehr teuer"* und sah mir dann die Angaben der Max Bögl Bauservice GmbH & Co. KG (TSB) an, einer Tochter des Baukonzerns Max Bögl GmbH. Unbemerkt von der Öffentlichkeit hat der bayerische Bauunternehmer Max Bögl aus Sengenthal mit dem Transport System Bögl, kurz TSB, die Technologie der Magnetschwebebahn Transrapid weiterentwickelt. Dieses als „zukunftsweisendes Nahverkehrssystem" entwickelte Transport System Bögl soll nicht mehr entfernte Metropolen mit Supergeschwindigkeiten verbinden, sondern im Nahverkehr eingesetzt werden. Dahinter steckt die Überlegung, dass die Trasse, egal ob Straßenbahn oder S-Bahn, sehr teuer ist. Der von mir hier an verschiedenen Stellen genannte Vorteil der aufgeständerten Bauweise senkt die extrem aufwendigen Bauarbeiten im Boden auf ein Minimum und kann so in vielen Fällen mit Straßenbahnsystemen preislich konkurrieren. Warum dann Magnetschwebetechnik? Ganz einfach: Magnetschwebebahnen sind leiser und komfortabler, die Mehrkosten dafür sind im Systemvergleich gering und oft durch weniger Lärmschutzmaßnahmen fast gleich mit klassischen Systemen.

Was die Köpfe der Max Bögl Bauservice GmbH & Co. KG völlig richtig erkannt haben, ist das Problem der Bahnhöfe in einigen Metern über der normalen Verkehrsfläche. Deshalb nennt das Unternehmen es auch ein „Mittelstreckensystem", typisch für Flughafenzubringer oder die Verbindung von Städten. Um nicht den abgedroschenen Fall Münchener Flughafenzubringer zu nennen, denken Sie mal an Flughäfen in Stuttgart oder Baden-Baden, vielleicht auch an die Verbindung von Bremen nach Bremen-Nord und von dort nach Bremerhaven. Bisher waren diese Strecken kaum mit öffentlichen Verkehrsmitteln zu überbrücken, ein erheblicher Pkw-Verkehr war die Folge.

Mehr Informationen zu diesem in Deutschland entwickeltem Magnetschwebesystem finden Sie unter https://transportsystemboegl.com direkt vom Hersteller! Der Hersteller wirbt zwar mit Bildern eher aus dem Raum der Vereinigten Arabischen Emiraten (VAE) und Asien, ist aber derzeit in Europa aktiv am Anbieten.

Da ich an keiner weiteren Stelle darauf eingehe, nur der Hinweis, dass man nicht nur aus Büchern wie „Bauunwesen" von Jürgen Lauber (siehe auch www.bauUnwesen.de) zitieren muss, um zu wissen, dass alles, was in Beton gegossen wird, von einem traditionellen Denken geprägt ist, welches der E-Technik und dem Maschinenbau fremd ist. Ob deshalb dauerhaft betonierte Lösungen immer gut durchdacht sind, kann man diskutieren, aber das Vorschriftenwerk an technischen Baubestimmungen und Normen ist extrem dicht. Maschinenbau und Elektrotechnik haben sich davon durch einige Kunstgriffe befreit, sind zwar eng geregelt, aber doch erstaunlich flexibel. Das schreibt Ihnen der Autor, der seit 25 Jahren CE-Kennzeichnungs-Probleme hauptberuflich löst!

Elon Musk's Hyperloop

In den USA muss alles Größer sein, spottet man in Europa. Wenn dann noch ein Genie wie Elon Musk eine Vision hat, kann etwas entstehen, was wir nicht kennen. In diesem Fall eine Röhre, die zur Vermeidung von Luftwiderstand fast luftleer gepumpt wird und in der ein busähnliches Fahrzeug elektromagnetisch schwebt. Ziel ist es, die amerikanischen Kurzstrecken von 500 km zu bedienen, denn dann macht die erzielbare hohe Geschwindigkeit bzw. kurze Fahrtzeit Sinn.

Auf Wikipedia finden Sie einen umfangreichen Eintrag zum Unternehmen Hyperloop One, der u. a. die folgenden interessanten Angaben enthielt: *„Das Unternehmen Hyperloop One veröffentlichte im Juni 2017 unter dem Titel ‚Vision for Europe' insgesamt neun Konzepte für potenzielle Hyperloopstrecken in Europa.*

Die längste der vorgeschlagenen Routen sieht einen kreisförmigen Streckenverlauf vor, der die größten Städte Deutschlands verbindet.

Der Hyperloop soll die 1991 km lange Strecke in 142 Minuten befahren, wobei die voraussichtliche Fahrtzeit für Berlin–Leipzig mit 14 min,

> *Leipzig-Nürnberg mit 20 min,*
>
> *Nürnberg–München mit 12 min,*
>
> *München–Stuttgart mit 17 min,*
>
> *Stuttgart–Frankfurt mit 15 min,*
>
> *Frankfurt–Köln mit 14 min,*
>
> *Köln–Hamburg mit 30 min und*
>
> *Hamburg–Berlin mit 20 min angegeben wird."*

Mehr dazu finden Sie auf Wikipedia und dem Unternehmen.

Freie Geister können Visionen frei von Blockaden formulieren!

Quellen sind z. B. de.wikipedia.org/wiki/Hyperloop und das Originalzitat: www.welt.de/wirtschaft/article165367078/2000-Kilometer-Deutschland-in-zweieinhalb-Stunden.html

Rückblick auf das aktuelle ICE-Netz

Der ICE erreichte nach einer Zusammenstellung des Handelsblatts vom 9. Januar 2017 in:

- Deutschland derzeit eine Durchschnittsgeschwindigkeit von 100 bis 110 km/h;
- Frankreich auf der Strecke Paris– Marseille 200 bis 200 km/h, sonst im Land eine Durchschnittgeschwindigkeit von 80 bis 120 km/h;
- Spanien auf der Strecke Madrid–Barcelona 200 km/h, sonst meist eine Durchschnittsgeschwindigkeit von 140 bis 160 km/h;
- England vor dem Brexit eine Durchschnittsgeschwindigkeit von 100 bis 130 km/h;
- Italien derzeit eine Durchschnittgeschwindigkeit von 140 bis 170 km/h.

Zu der Strecke Berlin–Hamburg gibt es viele unterschiedliche Aussagen von 150 bis 175 km/h, was etwa den optimalen Fahrzeiten der 1930er-Jahre entspricht. Genauere Daten lassen sich z. B. bei Wikipedia finden, ebenso die Angabe von 4,5 Milliarden

Euro für 270 km Ausbau der Bahnstrecke (nicht Neubau). Wenn man dies mit den veranschlagten Kosten von 4,5 Mrd. Euro, Kritiker behaupten 7,5 Mrd. Euro für den Neubau eines mehr als doppelt so schnellen Verkehrsmittels, vergleicht, behaupte ich, dass es nur ein Überzeugungsproblem war, kein wirtschaftliches oder technisches Problem.

Ich nutze (leider) öfter die Strecke Karlsruhe (bzw. Baden-Baden) nach Hannover. Die Züge können auf dieser Route immer wieder mal 250 km/h erreichen, der Zeitaufwand insgesamt ist aber erheblich, entsprechend liegt die Durchschnittsgeschwindigkeit irgendwo bei unter 100 km/h, wenn man freundlich rechnet. Wer das Innere der Züge dieser Strecke nicht kennt oder einschätzen mag, möge die 2019 diskutierte Greta Thunberg-ICE-Meldung beachten – die Erfahrungen kann ich nur bestätigen, also wie voll und überlastet diese Strecke ist. Positiv ist nur der Preis dank der vielen Sonderangebote.

Meine Hoffnung, in Deutschland würde sich in diesem Jahrzehnt jemand an neue Verkehrssysteme herantrauen, ist eher unwahrscheinlich. Denn er würde dem bewährten System vom Leben und Leiden auf den Verkehrswegen entgegentreten. Für alle, die ohne Gepäck reisen können, bleibt es bei Bahn und Flugzeug, für alle anderen beim Pkw. Dank Mikroelektronik *(Daten und Vorträge passen auf einen USB-Stick)* komme ich seit 2015 mit kleinen Einschränkungen bei den Dienstleistungsmöglichkeiten meist ohne die bis dahin schwere Technik *(Messgeräte und Vortragsordner sowie Unterlagen umfassten schnell acht Koffer, was eine Reiselimousine gut füllte)* aus.

Pkw-Individualverkehr

An dieser Stelle einige Thesen, die beim Verständnis der nachfolgenden Ideen insbesondere bei der Vorstellung von Nahverkehr bis 50 km hilft:

- Busse und Bahn lassen sich nur nur ohne oder mit geringem Gepäck, bei guter Gesundheit (Fußwege!) und planbaren Zeiten nutzen, sind also ideal für viele Arbeitnehmer, Lehrer und Schüler.
- Falls Sie etwas mehr Gepäck wie Handwerkszeug benötigen, fallen ÖPNV-Lösungen aus; der Pkw oder Kleinlaster wird bemüht. Die Alternative Lastenfahrrad ist schön, aber nur beschränkt anwendbar.
- Transporte von Behinderten oder in der Beweglichkeit eingeschränkten Personen können nur mit Pkw oder Taxi erfolgen. Dazu sind auch entsprechende Parkplätze in der direkten Nähe des Ziels notwendig, was insbesondere in Wohngebieten nur extrem selten der Fall ist!

An dieser Stelle muss ich darauf hinweisen, dass viele Diskussionen als menschenverachtend angesehen werden können, wenn man in der Bewegungsfähigkeit eingeschränkte Personen zu Familienfesten oder medizinisch notwendigen Terminen befördern möchte. Wie kann man egoistisch Anwohnerparkplätze andenken, wo doch Gästeparkplätze *(gerne auch mit Zeitbeschränkung, z. B. auf vier Stunden)* für die eigentlichen Lösungen wichtig wären?

Was haben Sie vermisst? Richtig: die neuen Verkehrsmittel wie Scooter oder E-Bike, welche in süddeutschen Städten Alternativen zum Pkw-Verkehr möglich machen. In Norddeutschland war es schon üblich, mit Anzug auf dem Fahrrad zur Arbeit zu fahren, während ich in Süddeutschland noch als Fahrradfahrer im Jahr 2020 von der Fahrbahn gehupt wurde. Nebenbei: Die sanftere Form ist das Abdrängen, sogar wenn die Polizei zusieht!

Es sind Wege für solche Verkehrsmittel wie das Fahrrad nötig; gute Beispiele finden sich vor allem in den Niederlanden. In Deutschland könnte man kurzfristig einen weiteren Weg gehen: Eine Parkplatzsteuer, das heißt, jeder, der für sein Fahrzeug keinen genutzten Garagenplatz nachweisen kann, zahlt z. B. 20 Euro im Monat also 240 Euro im Jahr (meine Garage kostet 480 Euro im Jahr). Was meinen Sie, wie schnell man die stets zugeparkten Geh- und Radwege freibekommen könnte und der Stadtsäckel gefüllt würde?

Warum kostet die Anwohnerparkkarte für ein Jahr oft nur 30 Euro, aber ein Hund in der gleichen Stadt 150 Euro jährlich an Hundesteuer?

Der Fairness halber sollte man Städte, die so etwas fordern, zwingen, entsprechende Parkflächen vorzuhalten, damit jemand, der eine Woche auf seinen Pkw verzichten kann, diesen in wenigen km Entfernung parken kann. Solche Rechte haben allerdings schon bei Kindergartenplätzen unzureichend funktioniert, aber versuchen könnte man es einmal.

Selbst unser derzeitiger Verkehrsminister Andreas Scheuer sagt: „Das Auto wird anders gemanagt werden müssen." Und im Jahr 2020 wird er zitiert: „Einen Mobilitätsmix wird es in der Zukunft mehr denn je geben."

Falls Sie auf Regelungen des Bundesverkehrsministers warten: Das nebenstehende Bild stammt von 2009; damals gab es noch keine Regelungen für Segway-Nutzer. Waren die aktuellen 2019er Gesetze schnell erstellt

und förderlich? Diese Personaltransporter auf zwei Rädern werden nicht mehr gebaut.

Quelle www.n-tv.de/wirtschaft/Der-Segway-ist-am-Ende-article21869923.html

Voraussetzungen neuer Systeme

Die Überschrift klingt großartig, soll aber nur auf zwei Themenbereiche hinweisen:

- Die bisherigen Betreiber von Personennahverkehr haben an neuen Systemen kein Interesse, weil es Änderungen auslösen würde (disruptive Innovation).
- Die bisherigen Vorgaben orientieren sich an uralten Kfz- und Bahnvorgaben und sind für neue Systeme, die vermutlich fahrerlos sein werden, völlig unbrauchbar.

Der zweite Punkt ist wichtig, auch weil wir in der EU und speziell in Deutschland reichlich Lösungsansätze haben.

So ist die seit 1995 gültige EU-Maschinenrichtlinie in der Lage, auch diese Gefahren komplett mit einem bewährten erfolgreichen System zu erfassen und sicher zu beschreiben. Vorteil wäre die fast genehmigungsfreie Zulassung der Technik, also schnelle innovationsfreundliche Lösungen, die bei Planungsbeginn noch nicht im Detail festgelegt sein muss.

Das klassische Bauplanungsrecht, also wo eine Strecke geführt wird und wo man öffentliche Haltestellen einrichtet, sollte überarbeitet werden, um einen wilden Mix aus Bundes-, Landes- und Stadtrecht zu vermeiden.

Diese Gedanken sollte man meiner Meinung nach weiter verfolgen. Dazu zitiere ich aus dem nachfolgend genannten Projekt WIPANO des Bundesministeriums für Wirtschaft und Energie, BMWi:

„Innovationen, also neue Produkte und Dienstleistungen, sind die Triebfeder des Erfolges der deutschen Wirtschaft. Sie müssen möglichst bekannt sein und möglichst breit genutzt werden können, um auf dem

Markt Fuß zu fassen. Ziel der Innovationspolitik des BMWi ist daher nicht nur die Förderung des Entstehens von Innovationen, sondern auch deren rasche Verbreitung – durch Wissens- und Technologietransfer."

"WIPANO – Wissens- und Technologietransfer durch Patente und Normen" setzt genau hier an: Zum einen wird durch eine effiziente Sicherung und Nutzung von geistigem Eigentum die wirtschaftliche Verwertung von innovativen Ideen und Erfindungen aus öffentlicher Forschung und die Nutzung des kreativen Potenzials insbesondere kleiner und mittlerer Unternehmen (KMU) unterstützt. Zum anderen wird die Überführung neuester Forschungsergebnisse in Normen und Standards gefördert.

Des Weiteren werden KMU für eine Mitarbeit in Normungs- und Standardisierungsausschüssen bzw. in nationalen und internationalen Gremien unterstützt."

Die WIPANO-Richtlinie wurde am 17. Januar 2020 im Bundesanzeiger veröffentlicht.

Viele Details sind in der im Anhang in Auszügen zitierten EU-Richtlinie für die Interoperabilität des Eisenbahnsystems in der Europäischen Union enthalten. Die Begriffsdefinitionen lassen erahnen, wie zersplittert und uneinig die Hersteller und Betreiber von Eisenbahnen sind.

Baukosten

Baukosten sind ein heikles Thema, weil sich angeblich die örtlichen stets besonders schwierigen Gegebenheiten nicht auf andere Bauprojekte übertragen lassen. Es kursieren folgende Zahlen, die ich so nenne:

- Straßenbahn 8 bis 12 Millionen Euro je km;
- Monorails nach eigener Schätzung ca. eine Million Euro je km (mehr dazu im nachfolgenden Kapitel);
- Transrapid nach alten Aussagen etwa 15 Millionen Euro je km, aktuell sollte man für die aufgeständerte Strecke etwa 30 Millionen Euro je km ansetzen;
- ICE-Strecke etwa 50 Millionen Euro je km;

- U-Bahn 60 bis 80 Millionen Euro je km.

Die Betriebskosten sind übrigens für Gleise teurer als Asphalt, so ein Gutachten des Deutschen Instituts für Wirtschaftsforschung (DIW 2007). So liegen die Unterhaltungskosten pro km Schiene bei 312.000 Euro pro Jahr, im Vergleich dazu kostet der km Fernstraße 203.000 Euro.

Zitat und Quelle: „Die zugrunde gelegte Methodik basiert auf den Grundzügen der Wegekostenenquête des Bundesverkehrsministeriums und berücksichtigt neue Erkenntnisse aus der internationalen Forschung insbesondere zur Kostenallokation. Sie ist international vergleichbar und genügt den Anforderungen der EU-Wegekostensichtlinie 2006/38/EG"www.diw.de/de/diw_01.c. 345080.de/projekte/wegekosten_und_wegekostendeckung_des_stra ssen_und_schienenverkehrs_in_deutschland_im_jahre_2007.html

Die Monorails müssten deutlich preiswerter sein, da die bewegten Massen geringer sind. Da stets ein autonomes Fahren vorgesehen ist, sind die Betriebskosten geringer als Bus oder Straßenbahn. Dennoch sehe ich beispielsweise U-Bahnen als nicht ersetzbar an, da die im Folgenden angedachten Systeme nicht diese Personenanzahl pro Stunden leisten können.

Falls Sie Baukosten vergleichen möchten, wundern Sie sich bitte nicht über die sehr unterschiedlichen Angaben, teilweise auch in „Infrastruktur-Investitionsbedarf um einen Personenkilometer pro Jahr", eine Zahl, die sich durch die erwarteten Nutzer pro Tag erheblich variieren lässt um so Baukosten zu verschleiern.

Ticketkosten

Ein Punkt, die viele Leser nicht erwarten würden: Als Tourist nervt es mich kolossal, wenn Fahrkartenautomaten sehr komplex aufgebaut sind. Ich brauche oft fünf bis zehn Minuten, um ein banales Ticket bis zum Ziel (Hotel) zu kaufen und zahle oft genug Preise, die oberhalb des von mir erwarteten Preises liegen. Was spricht gegen eine kostenlose Nutzung durch Touristen, also alle Menschen, deren Wohnort mehr als 100 km vom aktuellen Standort entfernt ist? Baden-Baden ist natürlich ein besonderes Beispiel dafür. Hier sind geschätzt, eine offizielle Zahl gibt es nicht, mehr als 30 Prozent des lokalen Verkehrs von auswärtigen Touristen verursacht.

Bei der Recherche zu diesem Text kam die Stadt Augsburg mit der Meldung, auf bestimmten Innenstadtstrecken kostenlos zu agieren. Und kaum hatte ich dies eingebaut, kam die Meldung, das Land Luxemburg verzichtet beim ÖPNV seit Anfang 2020 auf Fahrkarten und Ticketpreise.

Und der Vollständigkeit halber: Die Piratenpartei, deren Inhalte sich viele Parteien inhaltlich zunutze machen, forderte einen kostenlosen ÖPNV. Stellt man als Kämmerer Grundsteuer und Parkplatzsteuer gegen den Aufwand bei einem kostenlosen ÖPNV, kann dies aufgrund entfallender anderer Kosten für die Stadt kostenneutral sein. Stellen Sie sich dann einmal vor, wie viele vormals vertriebene Kunden wieder in die Innenstädte strömen würden!

Was haben Sie vermisst: das Fahrrad als Lösung für alles und dessen Mitnahme im ÖPNV. Das Thema wäre unerschöpflich und passt nicht wirklich zur Fragestellung!

Monorails Anforderungen

Im Folgenden bezeichne ich als Monorails ein angedachtes Verkehrssystem auf Stelzen, das oberhalb (und damit kollisionsfrei mit anderen Verkehrsmitteln) in Boxen von 2 bis 200 Personen bzw. Sitzplätzen Fahrgäste im Nahverkehr transportiert. Und Fahrradtransport etc. sollte man nach lokalen Anforderungen anpassen, es kann ja sein, dass sowieso für Rollstühle oder Rollatoren passende Flächen vorgesehen sind.

Ich denke dabei an Kabinen, die auf einem Betonträger elektrisch fahren, fahrerlos sind und automatisch bzw. nach Anforderung gerufen werden.

Der Betreiber hätte die Aufgabe, den Betrieb z. B. durch ausreichend viele zur Verfügung stehende Kabinen zu ermöglichen, damit auf „völlig überraschend" auftretende Großveranstaltungen (Fußballspiele, Weihnachtsmärkte, Jahrmärkte, Konzerte etc.) flexibel reagiert werden kann.

Fernverkehr erfordert z. B. WC-Anlagen, die ein normaler Linienbus auch nicht aufweist. Da Fernverkehr wie in der Einleitung umschrieben, ein komplexes und mit vielen Empfindlichkeiten und festen Beweggründen versehenes Gebiet ist, spare ich es aus. Andernfalls würde ich z. B. an meinen Wohnort Baden-Baden empörteste Diskussionen auslösen, wenn ein auf elsässischem Gebiet befindliches Einkaufszentrum erreichbar würde oder gar Franzosen aus Hagenau nicht mehr stundenlang im Stau vor einer der ganz wenigen Rheinbrücken in dieser Metropolregion stehen würden!

Damit zur Technik und der Frage, wer kann diese liefern? Erste eigene Recherchen ergaben, dass im Land Baden-

Württemberg alle notwendigen Technologien fast fertig entwickelt oder zumindest gut bekannt sind. Hintergrund dieser möglicherweise seltsam wirkenden Aussage war meine Teilnahme an der Delegationsreise der baden-württembergischen Ministerin für Wirtschaft nach China 2019. Bei diesem Anlass habe ich die Monoraillösungen von BYD *(einem großen chinesischen Konzern, der sich passenderweise Build Your Dreams, kurz BYD Company Limited nennt)* gesehen und leider nur sehr kurz über Vor- und Nachteile diskutieren können.

Diese Systeme von BYD gibt es in verschiedenen Ausführungen, deren Kleinstes in sehr einfacher und sehr preisgünstiger Technik ausgeführt ist und   sich insbesondere für kleine und langsame Zubringerstrecken eignet. Das kann die direkte Anbindung von Hochhäusern sein oder auch von touristischen Zielen, die oft nur wenige Hundert Meter von der größeren Station entfernt sind, aber wegen Höhenunterschieden oder aus Bequemlichkeit bei Temperaturbelastung eine Anbindung sehr wünschenswert werden lassen.

Steigleistungen von zehn Prozent und Kurvenradien von 20 m wurden mir mündlich genannt, bei den vorgenannten geschätzten Baukosten müssten schon erhebliche Planungsreserven eingerechnet sein.

Stellen Sie sich vor, solche banalen Systeme würden den Schulweg und Einkaufsweg für viele Menschen erleichtern, was würde dies an nicht mehr erforderlichen Kraftfahrzeugfahrten bedeuten!

Betonträger und Stützen

Die Betonwirtschaft ist lokal gut aufgestellt; verschiedenste Höhen bzw. Stützenhöhen sowie Trägerlängen sind denkbar, ohne dass für das darauf rollende Fahrzeug Probleme entstehen. Meines Erachtens ist Beton eine gute Lösung, es wäre aber auch ein reiner Stahlbau denkbar, wenn man Schwingungs- und Lärmprobleme in den Griff bekommt.

Mit den Trägern verbunden ist die Fahrwegplanung, bei der ich trotz anfänglicher Euphorie immer wieder skeptisch wurde:

Das Aussehen von der Seite erinnert an so manche Autobahnbrücke in sehr viel kleinerem Maßstab.

Der Blick von unten oder auch von oben lässt nur einen schmalen Träger erkennen. Die Badener werden sagen: „Ist ja kaum breiter als das Faschingsgehänge über den Straßen."

Bei einem Hersteller in China war der Fahrweg von unten schon komplett mit efeuartigem Gewächs versehen, was einen eigenartigen Eindruck ähnlich einer Baumreihe auslöst. Solche Fahrwege müssen nicht zwangsläufig störend in Betongrau ausgeführt sein!

Die Höhe von mindestens 3 m über dem Grund ist wichtig, damit niemand auf die Stützen heraufklettern kann und keine Kollisionen mit Pkws etc. auftreten. Schon für Lkws und Feuerwehr reicht diese geringe Höhe nicht aus!

Um es ganz deutlich zu wiederholen: Eine bodengleiche Planung macht den Hauptvorteil der Monorails, eben das problemlose autonome Fahren, zunichte!

Der ländliche Raum ließe sich ebenfalls anbinden; wie solche Systeme aussehen könnten, müsste man diskutieren. Durch die „Bestellung auf Zuruf" ließen sich die Wartezeiten sehr stark verringern, die Geschwindigkeit sollte sich im Kraftfahrzeugbereich bewegen. Ein eigenes Kraftfahrzeug hat dann nur noch den Vorteil „von Haustür zu Haustür".

Einstiegszonen

Erst dachte ich, es wäre klar, durch Rückfragen kam ich darauf: Nein. Sie warten nicht frierend auf einem kahlen Bahnsteig in 5 m Höhe und fallen herunter. Sie stehen in einem Warteraum auf gleicher Höhe mit der Monorail. Es sind, wie in allen seriösen Ländern üblich, Türen vorhanden, die den Weg erst dann in die Kabine freigeben, wenn diese Kabine eingetroffen ist. Die sparsame deutsche Zugangslösung würde ein offener Käfig sein, in dem man vom Regen eingeweicht wird. Die elegante europäische Lösung wären je nach regionalen Stil ausgeführte Wartehäuschen, die von Werbepartnern mit elektronischen Anzeigen ausgestattet sind. Übrigens sind solche Wartehäuschen z. B. in Dubai seit vielen Jahren klimatisiert!

Gehen Sie bitte nicht von Großvaters Straßenbahn aus!

Der Zugang kann als banale Treppe ausgeführt sein, was leider oft genug als hässlich empfunden wird. Dennoch ist eine einer Fluchttreppe ähnliche Stahltreppe ein kostengünstiges leicht verfügbares Konstrukt, das durch Überwucherung mit Efeu oder ähnlichem Grünbewuchs weniger sichtbar auffällt.

Behindertengerecht sind natürlich nur Aufzüge, die nicht mehr so teuer sind, wie man oft befürchtet. Übrigens genügt eine Zugangsmöglichkeit bei entsprechender

Steuerung der Fahrzeuge, es muss nicht überall eine zweispurige Ausführung angedacht werden. Die Modelle, die ich in China bei den Planern gesehen hatte, fuhren quasi im Kreis und waren nach geschätzt 5 Minuten am gleichen Ort!

Was habe ich vergessen? Fahrkartenautomaten. Ich mag die Dinger nicht, aber diese werden wohl gewünscht werden, müssten dann unten an den Ein- bzw. Ausgängen angebracht werden.

Antrieb und Räder

Die elegante Lösung Magnetschwebebahn ist etwas kostenintensiv, für einen ÖPNV müssten die teilweise sogar in U-Bahnen genutzten Radsysteme *(keine Eisenbahnschiene!)* ausreichen und neben geringen Kosten eine gute Dauerhaftigkeit und Steigleistung *(wie viel Höhenunterschied kann auf 100 m überwunden werden?)* aufweisen. Sollten in der Anfangszeit Änderungswünsche auftreten, lassen sich diese dank des einheitlich vorgegebenen Betonträgers einfach am Fahrzeug umsetzen.

In Diskussion befinden sich die Systeme zur Übertragung der elektrischen Energie. Da diese dank moderner Leistungselektronik und geringer Massen (es ist nicht wie bei der Eisenbahn ein tonnenschweres Fahrzeug notwendig) eher gering sind, kann sogar eine induktive Übertragung angedacht werden. Solche Systeme waren schon 2012 für Lkws auf Autobahnen angedacht, wurden aber aufgrund der geringen öffentlichen Unterstützung damals nicht in der Praxis eingesetzt; selbst bei FTS (Fahrerlosen Transportsystemen) sind sie noch etwas exotisch.

Bevor Rückfragen kommen, nenne ich hier zwei Werte, die ich im Rahmen vertraulicher Gespräche aufgeschnappt habe: Mit Technik aus den frühen 2010er-Jahren lassen sich hochfrequent (140 kHz) bei geringer vom Fahrgast zu spürender Feldstärke (etwa ein Fünftel der Stärke des Erdmagnetfeldes) diese Fahrzeuge antreiben bzw. eine kleine Batterie aufladen. Bereits

2010 wurden bei SEW-EURODRIVE (Bruchsal) Akkus in Lkws während der Fahrt mit 93 Prozent Wirkungsgrad über 13 bis 18 cm Abstand aufgeladen. Erprobt wurden schon damals Leistungen bis 100 kW. Warum man im Jahr 2020 Teststrecken mit Oberleitungen aufbaut, ist mir unklar bzw. zeigt meine Skepsis gegenüber Förderungsprojekten mit Automobilindustriebeteiligung.

Kabine

Die eigentliche Kabine kann, würde man in Hannover oder Wolfsburg ein solches System ausführen, einem alten VW-Bus in der Samba-Busausführung nachempfunden sein. Im Schwabenländle natürlich als futuristischer kleiner Sechs-Personen-Bus, im Ruhrgebiet oder der Nähe von Universitäten als Kabine, die fast Reisebusgröße hat und als Konzertraum zweckentfremdet werden könnte. Allerdings liegt mir auch eine Idee aus dem Lipperland vor, die „Monocabs" favorisiert, also Kabinen für zwei Personen ähnlich einem Pkw.

Lassen Sie sich überraschen! Das System ist dank Betonträger, deren Fahrbahngröße man hart vorgeben muss, sehr flexibel anpassbar.

Ein kleiner Einschub mit Quellenangabe: https://land-der-ideen.de/wettbewerbe/deutscher-mobilitaetspreis/preistraeger/open-innovation-2018/countrycab Diese Lösung nutzt alte vorhandene Eisenbahnschienen und ist damit nur entfernt ähnlich mit der hier behandelten Idee einer aufgeständerten Einschienenbahn, die voll autonom fährt!

Komfortelektronik in der Kabine: Mehr als eine Art Leuchtstofflampe wird man in Deutschland zunächst nicht erwarten. In Asien haben mich Bildschirme und USB-Ladestationen in der U-Bahn fasziniert, ebenso die in allen Sprachen verständliche Anzeige, wo man ist. Man muss nicht wie in Europa den Kopf auf eine seltsame ausgestaltete bunte Platte an der Decke des Fahrzeugs drehen, um zu erkennen, wo man ist und wann man ankommt.

Wer fleißig recherchiert hat, wird Monorails zum Beispiel im Europa-Park in Rust finden. Aber diese sind eine eher primitive Lösung für einen Freizeitpark.

Die Monorail in Moskau ist nach altem europäischen Denken gebaut, sehen modern aus, passen aber zu den hier genannten Vorstellungen nicht.

Die Musik spielt in Asien, natürlich auch in China. Bereits die älteren chinesischen Exporte nach Kuala Lumpur waren gut.

Falls die Anzahl der Fahrgäste die verfügbare Anzahl von Plätzen in der Kabine überschreitet, wäre eine zweite, dritte, vierte Kabine auf der gleichen Strecke sinnvoll. Wo bisherige Systeme aufwendige Weichen erfordern, wäre es bei einer simplen drahtlosen und damit auf die Schiene aufsetzbaren Kabine denkbar, dass diese per Kran auf die Fahrtstrecke aufgesetzt wird. Derzeit ist dafür noch eine überwachende Person notwendig, aber z. B. in großen Häfen ist es völlig normal, wenn große

Container automatisch an das Lastaufnahmemittel angekoppelt werden. Die Schönheit dieser Teile ist gering, die Erfahrung groß. Vorteil wäre die schnelle einfache Steigerung der Transportleistung des Systems!

Steuerung als Neuland

Was ich nun beschreibe, erklärt, warum ich weit weg von bestehenden Regelungsrahmen des Bahnverkehrs denke, denn es sind folgende Signale zu klären:

- Die banale Fahrt mit elektrischem Antrieb einschalten und Kabine fährt los – unter welchen Vorraussetzungen darf das der Fall sein?
- Abstandsregelung zur vorhergehenden Kabine und möglichen Störungen auf der Strecke?
- Kabinenanforderungen und Abfahrt: Wie signalisiert man, wohin man möchte oder wird immer gehalten?
- Not-Halt ausgelöst: wie erfolgt die Störungsbeseitigung?

- Stromversorgung und ggf. weitere Dienste, wenn z. B. Energieleitungen im Beton mit verlegt werden?
- Versorgung und Steuerung der Treppenzugänge sowie der Türen an den Zustiegen.

Das klingt zunächst komplex, ist aber in der Industrie im Maschinenbau sehr oft gut gelöst worden.

Die eigentliche Kür liegt darin, zur richtigen Zeit eine Kabine vor Ort zu haben im Sinne von: Die Steuerung hat es erkannt. Das wäre möglich durch Lernen: wann ist welche Anforderung normalerweise vorhanden. Man sollte dieses Feld also einer künstlichen Intelligenz (KI) überlassen, welche z. B. auch aus anderen Datenquellen die erwarteten Anforderungen vorher sehen kann, z. B. Verkehrsbelastung auf den Straßen, Anzahl von Fußgängern oder der Auswertung der Anzahl von Mobilfunkgeräten in einem Umfeld. Steigt diese Zahl, dürfte auch die Anzahl der Fahrgäste steigen.

Bedienpersonal

Entgegen den Erwartungen ist doch ein klein wenig Personal erforderlich, eben zur Beobachtung und Überprüfung aller automatisch fahrenden Kabinen und der dazugehörigen Stationen. Medizinische Notfälle oder schlichte Trunkenheit kann auch in solchen Orten zu unangenehmen Situationen führen, weshalb eine gewisse Überprüfung notwendig ist. Allerdings ist der technische Aufwand Dank 5G-Mobilfunk-Technik zwar nicht gering, aber kostengünstig machbar und eine Aufschaltung in eine Zentrale dürfte sowieso geplant gewesen sein.

Mit anderen Worten: Was in einem Betrieb bislang ein Dutzend Busfahrer plus Verwaltungspersonal geleistet haben, können in Zukunft zwei Aufseher überwachen. Und die Technik lässt sich durch externes Personal warten, denn Notfalleinsätze sind (wie beim eigenen Pkw) eher unwahrscheinlich.

Stromversorgung

Ich hatte zwar behauptet, die Stromversorgung wäre dank der kleinen Leistungen unproblematisch. Es wären aber zusätzliche Eigenschaften denkbar, weil man ein System baut, welches z. B. Daten oder Energiekabel aufnehmen kann. Damit wären z. B. Stromtankstellen für E-Fahrzeuge an Stellen denkbar, die bislang keine einfache Versorgungsmöglichkeit aufwiesen. Der Vorteil wäre neben den teilweise gewünschten hohen Ladeströmen auch die denkbare Notstromversorgung der Bahn, wenn E-Fahrzeuge angeschlossen sind.

Immer noch Sorgenfalten? Mindestens ein Unternehmen aus Baden-Württemberg (ads-tec.de) hat sich darauf spezialisiert, extreme Leistungen kurzfristig in das Netz einzuspeisen bzw. entnehmen zu können und macht für die gesuchten Hochleistungsladesysteme (Modellanwendungsfall „mehrere Teslas werden an der Autobahn aufgeladen") derzeit gute Geschäfte.

Da das Thema „Stromversorgung" eher unproblematisch ist und die Entwicklung hier galoppiert, gehe ich nicht weiter in die Tiefe. Lassen Sie sich aber gesagt sein, dass die Möglichkeit, Stromtankstellen oder ähnliche Großverbraucher anzuschließen, sehr attraktiv gerade in bereits bestehenden Städten ist!

Streckenführung

Dieses Problem sollte durch die Technik und mögliche gesetzliche Regelungen oder Sonderrechte einfach gehalten werden, denn z. B. auf vierspurigen Straßen dürfte eine in der Mitte aufgeständerte Monorail, gerne auch mit zwei Fahrtrichtungen, problemlos diesen neuen zusätzlichen Verkehr ermöglichen. Möglicherweise sind so auch bislang laute vierspurige Straßen (wegen des erheblichen Busverkehrs) dann als zweispurige Autostraßen mit breitem Fahrradweg denkbar? Das Bild hier zeigt eine in den 60er-Jahren neu geplante und breit angelegte Straße in der Altstadt von Bremen, eben die

Martinistraße. Dort wird seit Jahrzehnten über eine andere Straßengestaltung diskutiert.

In vielen Kleinstädten wie Baden-Baden wäre es denkbar, diese Monorail als neue Strecke z. B. an bestehenden Flussläufen bzw. Bächen zu montieren. Oder man wagt es, aus der bisherigen zweispurigen Dorfstraße eine Einbahnstraße mit einem breiten Fahrradweg und einer entgegen der Fahrtrichtung fahrenden Monorail zu bauen. Das wäre übrigens auch in vielen Stadtteilen von gewachsenen Städten denkbar, wenn die örtlichen Straßen durch die stark erhöhte Wohndichte nicht mehr dem Verkehr gewachsen sind. Ich könnte mir gut vorstellen, dass sogenannte „Mama-

Taxis" für die Fahrt zur Schule dann fast unnötig wären, also endlich ein Verkehr zu Stoßzeiten durch einen zügigen Monorailsverkehr ersetzt werden könnte!

Meines Erachtens vergisst man zu häufig Standorte, die eher selten eine Verkehrsbelastung haben, sei es Fußballstadien, Schwimmbäder oder Ausflugslokale. Würde man hier ein autonom fahrendes System andenken, könnten viele Probleme beseitigt werden. Nebenbei: Die Steigleistung solcher Systeme, um auf den Berg zu fahren, soll erheblich sein. Leider habe ich dies nicht in der Praxis erleben können (eine echte Bergbahn wird immer anders gebaut sein!).

Planungsrecht

Ich deutete schon an, dass für das Planungsrecht hier vorhandene Lösungen genutzt, aber auch neu gedacht werden sollten. Leider ist dies sehr regional und unterschiedlich geregelt, aber die Bahn soll ja auch regional genutzt werden. Ob die Politik die bestehenden Regelungen weise nutzen oder ersetzen kann?

Kraftfahrzeugstraßen sind bundesweit eigentlich einheitlich … Gute Lösungen sind oft einfach!

EU-Richtlinie für Schienensysteme

Dieser Abschnitt dient nur dazu, zu zeigen, welche Anstrengungen auf EU-Ebene bereits geleistet wurden. Die Richtlinie gilt für alle EU-Mitglieder und kann als internationale Grundlage zur Vereinheitlichung der Vorgaben genutzt werden. Deshalb nun einige Ausschnitte aus der Richtlinie 2016/797 der EU von 2016 über die Interoperabilität des Eisenbahnsystems in der Europäischen Union – eine Richtlinie, die auf die hier angedachten Systeme nicht zutrifft, weil diese extra ausgenommen sind, deren Begriffsfestlegungen aber hilfreich sind.

Schon im Vorwort wird das Ziel der Interoperabilität des Eisenbahnsystems beschrieben. Die Richtlinie sollte zur (Zitat): *„Bestimmung eines optimalen Niveaus der technischen Harmonisierung führen und es ermöglichen, grenzüberschreitende Eisenbahnverkehrsdienste in der Union und mit Drittländern zu erleichtern, zu verbessern und auszubauen sowie zur schrittweisen Verwirklichung des Binnenmarkts für Ausrüstungen und Dienstleistungen für den*

Bau, die Erneuerung, die Aufrüstung und den Betrieb des Eisenbahnsystems der Union beizutragen.

Um einen Beitrag zur Vollendung des einheitlichen europäischen Eisenbahnraums zu leisten, Kosten und Dauer der Genehmigungsverfahren zu senken und die Eisenbahnsicherheit zu verbessern, ist es angemessen, die Genehmigungsverfahren auf Unionsebene zu modernisieren und zu vereinheitlichen. ...

(5) Untergrundbahnen, Straßenbahnen und andere Stadtbahnsysteme unterliegen in vielen Mitgliedstaaten lokalen technischen Anforderungen. Diese öffentlichen Personennahverkehrsdienste unterliegen in der Regel nicht der Erteilung von Genehmigungen innerhalb der Union. Darüber hinaus unterliegen Straßenbahnen und andere Stadtbahnsysteme aufgrund der gemeinsamen Infrastrukturnutzung oftmals den Vorschriften für den Straßenverkehr. Aus diesen Gründen ist für diese lokalen Systeme keine Interoperabilität erforderlich, und sie sollten daher vom Anwendungsbereich dieser Richtlinie ausgenommen werden. Es steht den Mitgliedstaaten jedoch frei, die Bestimmungen dieser Richtlinie auch auf lokale

Bahnsysteme anzuwenden, soweit sie dies für sinnvoll erachten. ...

(7) Voraussetzung für den kommerziellen Zugbetrieb im gesamten Eisenbahnnetz ist insbesondere eine hervorragende Kompatibilität zwischen Infrastruktur- und Fahrzeug-merkmalen, jedoch auch eine effiziente Verknüpfung der Informations- und Kommunikationssysteme der verschiedenen Infrastrukturbetreiber und Eisenbahn-unternehmen. Von dieser Kompatibilität und Verknüpfung hängen das Leistungsniveau, die Sicherheit und die Qualität der angebotenen Verkehrsdienste sowie deren Kosten ab, und auf dieser Kompatibilität und Verknüpfung beruht vor allem die Interoperabilität des Eisenbahnsystems der Union.

(8) In den Rechtsvorschriften für den Eisenbahnsektor auf Ebene der Union und der Mitgliedstaaten sollten die Aufgaben und Verantwortlichkeiten klar geregelt werden, um sicherzustellen, dass die für Eisenbahnnetze geltenden Sicherheits-, Gesundheits- und Verbraucherschutzvorschriften beachtet werden. Diese Richtlinie sollte nicht zu einem verringerten Sicherheitsniveau oder höheren Kosten für das Eisenbahnsystem der Union führen. ...

(9) Die für Eisenbahnsysteme, Teilsysteme und Bauteile geltenden nationalen Rechtsvorschriften, internen Regelungen und technischen Spezifikationen weisen große Unterschiede auf, da sie Ausdruck der technischen Besonderheiten der Industrie des jeweiligen Landes sind und ganz bestimmte Abmessungen, Vorrichtungen sowie besondere Merkmale festlegen. Dieser Sachverhalt kann einen flüssigen Zugverkehr im gesamten Gebiet der Union behindern.

(10) Die Eisenbahnindustrien der Union brauchen einen offenen und wettbewerbsorientierten Markt, damit sie ihre Wettbewerbsfähigkeit auf dem Weltmarkt verbessern können.

(11) Für die gesamte Union sind daher grundlegende Interoperabilitätsanforderungen für ihr Eisenbahnsystem festzulegen."

Krisenmanagement nach VDI 7000/7001

Der Verein Deutscher Ingenieure e. V., kurz VDI, gibt Richtlinien heraus, die in bestimmten Themenbereichen sogar zum Rechtsrahmen gehören, also berücksichtigt werden müssen.

Im Bereich Öffentlichkeitsarbeit ist eine Richtlinie VDI 7000 erschienen, die eher der Information dient bzw. als Meinung anzusehen ist. Der Schwerpunkt liegt – typisch für Ingenieure – auf Bauwerken wie Kraftwerken oder Biogasanlagen, denn das zentrale Thema bleibt dabei die Genehmigung. Genau das ist scheinbar ein Problem für viele angedachte Projekte!

Das in der VDI-Richtlinie beschriebene Denken erklärt auch die darin gerne genutzten Begriffe wie „Legalität", die für Infrastrukturprojekte oder Bauprojekte eine stärkere Bedeutung haben. Die Stärken dieser VDI-Richtlinie liegen im umfangreichen Katalog der zu berücksichtigen Punkte, die sehr gut für vorgenannte Projekte geeignet sind.

Die Schwachpunkte dieser Vorgehensweise sind die vorprojizierte Projektführung, die nicht unbedingt der Nachfrage entsprechende Reaktion sowie das Fehlen der Idee „Faszination Technik". Insbesondere bei der hier angedachten Monorail kann man versuchen, diese durch diese Faszination in der Praxis umzusetzen.

Eine Vertiefung stellt die **VDI 7001** mit dem Titel „Kommunikation und Öffentlichkeitsbeteiligung bei Planung und Bau von Infrastrukturprojekten" vom März 2014 dar. Diese beschreibt auch Kosten für eine Bürgerbeteiligung im Falle der negativen öffentlichen Bewertung. Dargestellt wird, als ob die mangelnde öffentliche Wahrnehmung und dann erst beim Baubeginn einsetzende Eskalation zu Kosten führen würde, die ein Mehrfaches des Bauprojekts betragen. Hier werden irgendwie Ursache und Wirkung verwechselt, wobei die grundsätzliche Aussage „Bürger früh informieren oder beteiligen" sicherlich angemessen ist.

Der Deutsche Industrie- und Handelskammertag e. V. (DIHT) hat am 31. März 2014 eine sehr interessante Stellungnahme zu dieser VDI-Richtlinie veröffentlicht, aus der ich im Folgenden zitieren möchte:

„Der DIHK lehnt den vorgeschlagenen Anwendungsbereich des Richtlinienentwurfs des VDI ab. ... Dazu gibt es auch bereits eine Vielzahl von Handreichungen, wie beispielsweise das ‚Handbuch für eine gute Bürgerbeteiligung – Planung von

Großvorhaben im Verkehrssektor' des Bundesministeriums für Verkehr, Bau und Stadtentwicklung aus dem Jahr 2012.

Ebenfalls existiert zu diesem Thema die Broschüre ‚Mehr Transparenz und Bürgerbeteiligung – Prozessschritte und Empfehlungen am Beispiel von Fernstraßen, Industrieanlagen und Kraftwerken' von der Bertelsmann-Stiftung aus dem Jahr 2011.

In einigen Bundesländern existieren darüber hinausgehend spezifische Gesetze oder sind immer wieder in der Diskussion. So beispielsweise in Baden-Württemberg die Verwaltungsvorschrift der Landesregierung zur Intensivierung der Öffentlichkeitsbeteiligung in Planungs- und Zulassungsverfahren …"

Ob und wie diese bei Stuttgart 21 angewendet wurde, habe ich noch nicht klären können.

All diese Unterlagen ähneln sich in der Vorgehensweise, die z. B. im WHO-Krisenhandbuch beschrieben wird. Genauer zitiert ist dies das „Handbuch der Weltgesundheitsorganisation (WHO) zur Risikokommunikation". Daraus möchte ich hier sehr kurz die Phasen beschreiben:

- Phase 1 (lang): Das Problem ist der Öffentlichkeit unbekannt und noch kein Thema.

- Phase 2: Das Thema wird in den Medien hin und wieder thematisiert.

- Phase 3: Die Öffentlichkeit empört sich, hat Angst.

- Phase 4: Das Thema geht langsam in den Hintergrund, kann aber bei kleinen Vorkommnissen schnell in den Mittelpunkt der Interessen rücken.

Übrigens ist Deutschland mit seiner Presselandschaft und seinen Bürgern, die sich zu einem erheblichen Teil in Bürgerbewegungen einbinden lassen, ein weltweit eher ungewöhnliches Land. Wer sich obige Phasen ansieht, erkennt schnell, dass in Ländern, in denen eher soziale Netze per Internet zu Stimmungsbildern führen, schnellere und schwer zu bändigende Bewegungen entstehen können!

Um zu verhindern, dass sich feste Fronten bilden, empfehlen sich folgende Ansätze:

- Wissenslücken verringern;

- bei mangelnder Vertrautheit mit wissenschaftlich-technischen Mechanismen entsprechende Grundlagenbildung vorantreiben;

- mit Erklärungen auf bestehende Ängste eingehen;

- Feinddenken und aggressive Argumentation vermeiden, auch wenn z. B. in Coronazeiten das Argument „Verschwörungstheoretiker" jede Diskussion angeblich zum Positiven wenden kann;

- Verständigungsbereitschaft signalisieren;

- politische oder wahlstrategische Ansätze vermeiden – es sollte bei einer Sachdiskussion bleiben.

Nachdem die Politik in den 70er-Jahren Erfahrungen mit den Atomkraftgegnern machte, versuchte man es in den 90er-Jahren beim Mobilfunk und dem befürchteten Elektrosmog etwas dokumentierter. Sie werden schon mit den vorhergehenden Stichworten eine Menge interessanter Ansätze im Internet finden können. Die von mir bei Stuttgart 21 vermutete Methode des rechtlich korrekten Durchpeitschens in Sitzungen, bei denen die wenigsten Abgeordneten mit vollem Beurteilungs-vermögen anwesend sind, dürfte hingegen den wenigsten Bürgern als korrekt erscheinen.

Stuttgart 21 Demonstrationen

In diesem Zusammenhang einige Zitate aus der politisch wohl unverdächtigen Wikipedia-Zusammenstellung, die dort unter „Protest gegen Stuttgart 21" zu finden ist. Diese Texte habe ich hier etwas verkürzt:

„Am Vormittag des 30. September 2010 besetzten viele S21-Gegner den Schlossgarten (neben dem Bahnhof Stuttgart); ... eine gleichzeitig stattfindende Schülerdemonstration gegen S21 in der Innenstadt wurde beendet. Mehrere Hundert Teilnehmer, die meisten Minderjährige, strömten in den Park, einige besetzten spontan Bäume und blockierten die Zufahrtswege. ...

Die baden-württembergischen Polizeieinheiten waren durch Einheiten aus Bayern, Rheinland-Pfalz, Hessen und Nordrhein-Westfalen sowie der Bundespolizei verstärkt worden. Beim Einsatz setzte die Polizei Schlagstöcke, Wasserwerfer und Pfefferspray ein. Nach unterschiedlichen Angaben von Bürgerinitiativen und Parkschützern wurden 360 bis 370 oder 1000 Personen verletzt, darunter auch Minderjährige. Nach Angaben der Polizei versorgte das DRK am Rande des Parks in Behandlungsplätzen vor Ort 114 Personen ambulant und Rettungskräfte brachten 16 Personen in Krankenhäuser. ... Vier Demonstranten wurden schwer an den Augen verletzt. Der Ingenieur Dietrich Wagner, den ein Wasserwerferstrahl frontal in die Augen traf, erblindete davon fast vollständig. Die Zahl der verletzten Polizisten wird mit 34 angegeben.

Am Folgetag, dem 1. Oktober 2010, fand eine Demonstration statt, nach Veranstalterangaben mit rund 100.000 Menschen, nach Polizeiangaben mit mindestens 50.000 Teilnehmern. ...

Ministerpräsident Stefan Mappus soll einen Tag vor dem Polizeieinsatz über die Einsatzpläne informiert worden sein und diese gebilligt haben. ... Die Polizei rechtfertigte ihr Vorgehen damit, dass die Aggression von den Demonstranten ausgegangen sei. Allerdings wurde die Darstellung der Polizei, dass die Gewalt der Polizei lediglich eine Reaktion auf die Gewalt von Seiten der Demonstranten gewesen sei, durch die veröffentlichten polizeilichen Videomitschnitte widerlegt: Zwar waren bei den auf der Webseite der Polizei bereitgestellten Videos die Uhrzeit geschwärzt, auf der Pressekonferenz der Polizei wurden die Videos allerdings mit Uhrzeit veröffentlicht. Die darin gezeigte Gewalt der Demonstranten (einmalige Benutzung von Pfefferspray sowie ein einzelner Wurf mit einem Gegenstand gegen einen Wasserwerfer) fand über eine Stunde später statt, als laut dpa Wasserwerfer in Marsch gesetzt und ‚massenhaft Pfefferspray' versprüht wurde. Auch die Behauptung des Innenministeriums, es sei mit Pflastersteinen geworfen worden, musste noch in der Nacht zurückgenommen werden. Sowohl Polizeiwissenschaftler als auch Polizeibeamte vor Ort beschreiben den Einsatz gegen weitgehend friedliche Demonstranten als unverhältnismäßig. Der durch den Wasserstrahl verletzte Demonstrant soll nach Aufnahmen eines Polizeivideos die Polizei mit einem Gegenstand beworfen und sich mehrfach demonstrativ vor die Wasserwerfer gestellt haben. Er sprach davon, dass Hunderte Kastanien geworfen worden seien, zwei oder drei auch von ihm. Allerdings sollen diese aufgrund der dicken Uniformen der Polizisten ‚ohne jeglichen Effekt' geblieben sein. ...

Der Polizeieinsatz wurde vom baden-württembergischen Landtag ... behandelt. Darin sollten die Verantwortlichkeiten und mögliche politische Einflussnahme geklärt werden. ..... Die Staatsanwaltschaft Stuttgart ermittelt gegen Stefan Mappus wegen uneidlicher Falschaussage im ersten Untersuchungsausschuss. Der zweite Untersuchungsausschuss stellte fest, dass dem ersten Untersuchungsausschuss offenbar nicht alle Akten vorgelegt worden waren.

Der Polizeieinsatz am Donnerstag, den 30. September 2010, führte zu 380 Beschwerden gegen Polizisten, von denen 19 zu Ermittlungsverfahren führten. Zudem wurden gegen 85 Demonstranten Verfahren eingeleitet. Ein Polizist, der im Zusammenhang mit dem Einsatz im März 2011 verurteilt wurde, musste 120 Tagessätze zu je 50 Euro zahlen. Er hatte einer am Boden sitzenden Frau ohne ausreichenden Grund Pfefferspray ins Gesicht gesprüht und wurde daraufhin von seinen Kollegen von der Bereitschaftspolizei Göppingen angezeigt. Ein weiterer Polizist wurde im Oktober 2012 wegen Körperverletzung infolge unverhältnismäßigen Schlagstockeinsatzes zu einer 18-monatigen Freiheitsstrafe auf Bewährung verurteilt. Im August 2013 stellte das Amtsgericht Stuttgart Strafbefehle gegen drei Polizisten der Wasserwerfer-Besatzungen aus: Zwei Polizisten erhielten Freiheitsstrafen von sieben Monaten, die zur Bewährung ausgesetzt wurden. Ein Wasserwerferkommandant wurde zu einer Geldstrafe von 90 Tagessätzen verurteilt. ... Eine im März 2013 erhobene Anklage gegen zwei Polizeiführer endete im November 2014 mit der

Einstellung des Verfahrens gegen eine Geldbuße von je 3.000 Euro. ...

Gegen den verantwortlichen Polizeipräsidenten Stumpf erging vom Amtsgericht Stuttgart 2015 Strafbefehl wegen fahrlässiger Körperverletzung im Amt über 15.600 Euro aus ... Stumpf gilt damit als vorbestraft.

Nachdem der „Stern" im September 2015 polizeiinterne Videos mit Ton veröffentlicht hatte, in denen gezeigt wurde, wie ein Polizist einen Kollegen aufforderte, Pfefferspray auf dem eigenen Handschuh zu verteilen und Demonstranten in das Gesicht zu reiben, stellte der Staatsanwalt und Richter a. D. Dieter Reicherter eine Strafanzeige bei der Staatsanwaltschaft Stuttgart. Die vorgeschlagene Angriffsmethode verstoße gegen die Dienstvorschriften der Polizei und die Gefahr von Erblindung und Tod des Opfers habe gedroht. Am 18. November 2015 urteilte das Verwaltungsgericht Stuttgart, dass der Polizeieinsatz zur Räumung des Schlossgartens rechtswidrig war. Bei dem Protest habe es sich um eine Versammlung im Sinne des Artikels 8 des Grundgesetzes gehandelt, die nicht ohne Weiteres beendet werden könne. Zudem sei der Einsatz ‚überzogen' gewesen."

Daher meine persönliche Meinung in der Kurzform: *„Wer bei Stuttgart 21 die Bürger verprügelt, wird bald keine Kritiker und Wähler haben"*, was sich insbesondere in der Form der fehlenden Kritiker z. B. im Raum Rastatt aus-gewirkt hat.

Und um auf die Frage „welche Parteien es denn waren" zu antworten: Der ehemalige Ministerpräsident Baden-Württembergs Stefan Mappus und entsprechend die Landtagsparteien CDU und FDP waren Befürworter des Bahnprojekts. Am 26. September 2010 sagte Mappus in einem Interview mit dem „Focus", es gebe *„einen nicht unerheblichen Teil von Berufsdemonstranten"*, die der Polizei das Leben schwer machten. Bei ihnen würden *„Aggressivität und Gewaltbereitschaft zunehmen"*. Der damalige SPD-Landeschef Nils Schmid warf Mappus daraufhin vor, Gegner zu kriminalisieren und den Konflikt dadurch zuspitzen zu wollen.

Winfried Kretschmann, Ministerpräsident seit März 2011 und damaliger Chef der Landtagsfraktion der Grünen, warnte Mappus, die Demonstranten in eine Ecke mit Gewalttätern zu stellen.

Der damalige Justizminister Ulrich Goll (FDP) warf am 4. Oktober 2010 den Stuttgart 21-Gegnern vor, aus Egoismus zu handeln. Sie seien „wohlstandsverwöhnt" und berücksichtigten zukünftige Generationen nicht genügend. Updates zu allen Lebensläufen lassen sich noch im Internet finden. Die „Berufsdemonstranten" dürfte es in diesem Zusammenhang nicht gegeben haben.

Stuttgart 21 kostet aktuell 8,2 Milliarden Euro, die Schlichtungsgespräche gingen von 4 Milliarden aus. Der Steuerzahler wird es auf irgendeinem Wege bezahlen.

Schlusswort

Ein Schlusswort sollte mehr sein als die Summe der Aussagen in einem Buch – so formulierte mir die Lektorin die Vorgabe. Ich hatte gerade einen der vielen Professoren, hier Bernhard Pösken, den ich aus der Wirtschaftswoche vom 14. Februar 2020 zitiere: *„Das Miteinander reden und Miteinander Streiten ist in einer Demokratie alternativlos"*.

Die Technik für die in diesem Büchlein beschriebenen Kurzstreckenbeförderungsmittel müsste auf zwei Wegen leichter umsetzbar gedacht werden:

- die Normung auf europäischer Ebene für Fahrzeug und Fahrbahnsysteme sowie den Vorgaben für Steuerung etc. und
- die Optimierung des deutschen Baurechts für die zügige Planbarkeit von neuen Strecken auf alten Wegen, d. h. als aufgeständerte Lösung auf vor-

handenen Straßen und auch auf sonstigen Flächen in den Städten.

Soweit zu den wirklich neuen lokalen Monorails.

Die großen Lösungen einer schnellen Magnetschwebebahn lassen sich theoretisch mit dem bestehenden Recht klären. Doch die jahrzehntelange Praxis zeigt, dass man lieber einen Flughafenausbau andenkt anstelle der idealen Mittelstreckenfähigkeiten von Magnetschwebebahnen. Vielleicht kommt die Lösung durch grenzüberschreitende Verkehrsnetze?

Die chinesische Volkswirtschaft hat viele Details schon gelöst, zumeist durch klassische Rad-Schiene-Lösungen auf eigenen aufgeständerten Fahrwegen und völlig anderen Terminalsystemen. Diese haben nur wenig mit unseren Bahnhöfen nach Großvaterart gemein. Ist Ihnen China zu weit weg und unheimlich?

Denken Sie bitte mal an die Schweizer Uhrenindustrie, die noch in den 1970er-Jahren konservativ, zersplittert und reformunwillig war. Ein tief greifender Wandel im Denken hat zur heutigen milliardenschweren Industrie mit 40.000 Mitarbeitern geführt.

Man sollte es also nicht ausschließen, dass scheinbar aussichtslose Unterfangen eines neuen Verkehrsmittels anzugehen!

Mobilität ist ein Grundbedürfnis eines Europäers!

Viel Erfolg beim Andenken eines neuen Systems!